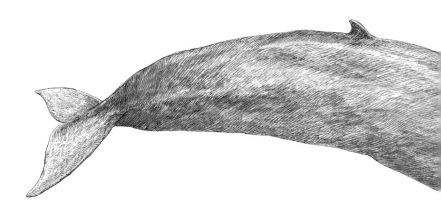

鲸的
五千万年

[日] 水口博也 著
[日] 小田隆 绘
[日] 木村敏之 编

李夏天 译

鲸和人类都是哺乳动物。
在古老的年代，一部分陆生哺乳动物去了海里生活，
它们就是鲸的祖先。
它们到底经历了怎样的演变，
才进化成抹香鲸或巨大的蓝鲸呢？

 湖南美术出版社
全国百佳图书出版单位
·长沙·

汪洋大海上雾气升腾，
紧接着，巨大的脊背浮出水面。
它是蓝鲸。

鲸是温血动物，幼崽由母乳喂养长大，
所以它和人类、狗和老鼠一样是哺乳动物。

蓝鲸

虽在海里生活，但鲸和鱼不同，
它要定期浮出海面呼吸。

当鲸在海里待了很长时间后再上浮时，
会用力呼出肺内的空气，俗称"鲸喷水"。
海面上升起的水雾就是这样产生的。

蛇颈龙

1亿多年前，
恐龙生活在陆地上。
恐龙种类繁多，有的吃植物，
也有的捕食其他恐龙。

翼龙称霸天空，
鱼龙和蛇颈龙在海里游弋。

鱼龙

鱼龙和蛇颈龙为什么消失了？恐龙又为什么消失了？原因很复杂，可能与地球被巨大陨石撞击后气候和海洋环境都发生了巨变有关。

约9000万年前，鱼龙灭绝了。
约6600万年前，恐龙灭绝了。

翼龙

暴龙

之后，
幸存的哺乳动物
开始在没有恐龙的
陆地上生活。

它们逐渐适应各种环境，
有些哺乳动物开始在海里寻找栖息地。

这里是距今约5000万年的河岸。

河里有只长得像狼的动物。

它只把背露出水面，时不时地把鼻子探出来换气，

然后再潜入水中。

如果来到水位浅的地方，

它就会4条腿着地，稳稳地站在河底，

然后慢悠悠地边划边走。

伊纳科斯巴基鲸

它叫伊纳科斯巴基鲸，
生活在如今的巴基斯坦一带。
它有4条腿，还能行走，属于早期的鲸。

潮间带与河岸是生物繁衍生息的宝地。

伊纳科斯巴基鲸的祖先是从陆生哺乳动物中分化出来的，
为了在浅滩觅食，它们开始在水中长期生活。

注：潮间带是潮水每天涨落的高潮线与低潮线之间的沿岸海滨地带。

伊纳科斯巴基鲸正把头潜进水中捕食。

之所以称它为鲸，
是因为它的耳骨和鲸的耳骨有共同的特征。

伊纳科斯巴基鲸的鼓室泡骨
鼓室泡骨是耳骨的一部分，形状
像半个鸡蛋壳。一般来说，哺乳
动物的这层"壳"各处一样厚，
而鲸的"壳"则有一部分特别
厚，这是它们的独有特征，伊纳
科斯巴基鲸也有该特征。

伊纳科斯巴基鲸

喜泳步行鲸

伊纳科斯巴基鲸生活的年代过去了，
喜泳步行鲸诞生了。
它也有4条腿，但体形变了，
比伊纳科斯巴基鲸更擅长游泳。

喜泳步行鲸就是"步行的鲸"。

据说它既能像鳄鱼一样在陆地上行走，
也能用带蹼的腿灵活游动。

约4000万年前。

在浩瀚的海洋里，一头庞然大物浮出水面，向外喷出肺里的空气。
它体长17~18米，外表酷似传说中的龙，
但既无鳞片，也无羽翼。
它长着一对胸鳍，下腹有细小的突起。
过了一会儿，它用与海面平行的尾鳍用力击水，
又逐渐隐匿在蔚蓝的海水中。

下腹的细小突起是后肢退化留下的痕迹。

它会不会是巨大的鱼龙的后代呢?

很久很久以前出现的鱼龙虽然长着和鱼类一样的垂直尾鳍，
但它们是爬行动物。

鱼龙尾部

爬行动物（如鳄鱼和蜥蜴等）是通过左右摆动躯干和尾巴前进的。
鱼龙有垂直伸展的发达尾鳍，通过左右摆动尾鳍在海里前进，
这种前进方式和爬行动物一样。

鳄鱼尾部

但是，前文说的那头庞然大物
是通过上下摆动水平尾鳍向前游动的。

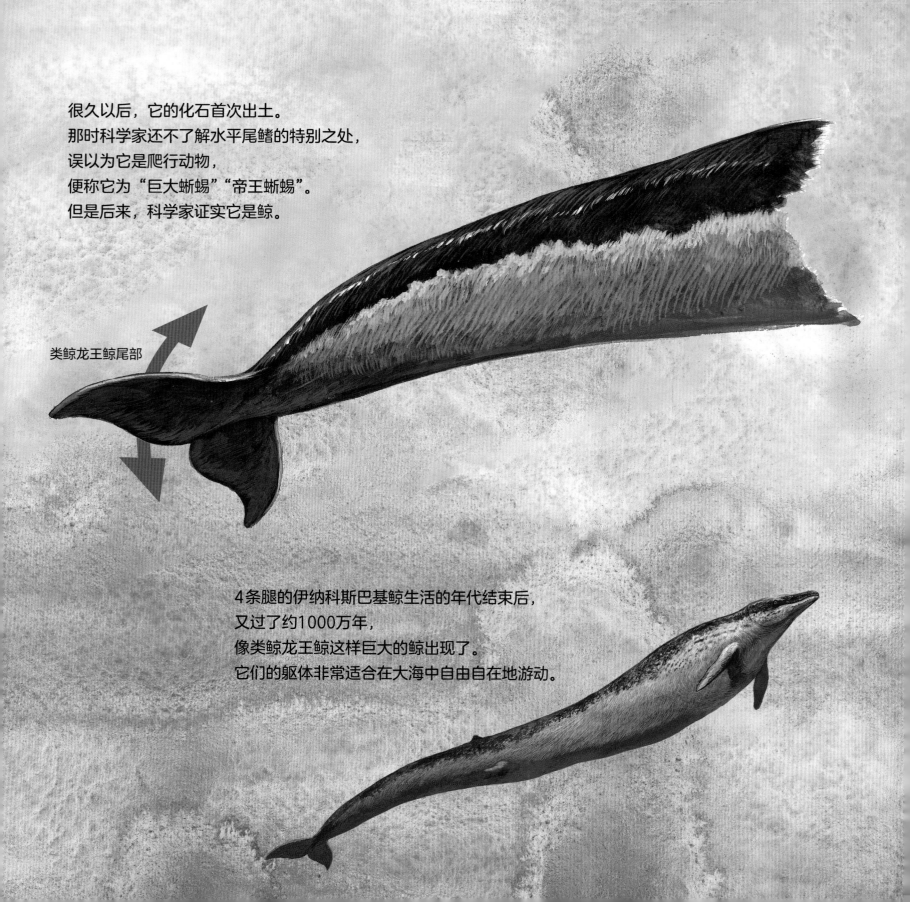

很久以后，它的化石首次出土。
那时科学家还不了解水平尾鳍的特别之处，
误以为它是爬行动物，
便称它为"巨大蜥蜴""帝王蜥蜴"。
但是后来，科学家证实它是鲸。

类鲸龙王鲸尾部

4条腿的伊纳科斯巴基鲸生活的年代结束后，
又过了约1000万年，
像类鲸龙王鲸这样巨大的鲸出现了。
它们的躯体非常适合在大海中自由自在地游动。

曾经的陆生哺乳动物成为鲸，
开始在海里生活。
这时，它们的躯体已经发生了显著的变化。

宽吻海豚

狗和猎豹等哺乳动物是通过上下摆动身体来
奔跑的。同为哺乳动物的鲸也会通过上下摆
尾的方式获得前进的动力，所以进化出了水
平尾鳍（以宽吻海豚为例，宽吻海豚等海豚
也是鲸）。

猎豹

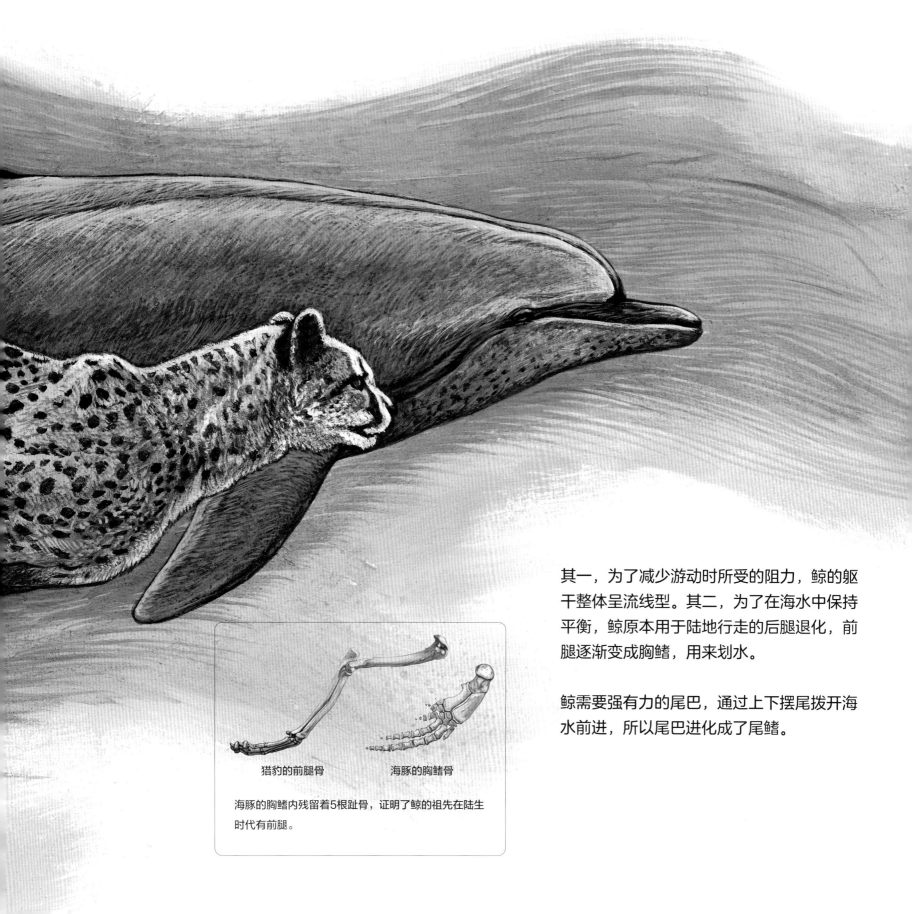

其一，为了减少游动时所受的阻力，鲸的躯干整体呈流线型。其二，为了在海水中保持平衡，鲸原本用于陆地行走的后腿退化，前腿逐渐变成胸鳍，用来划水。

鲸需要强有力的尾巴，通过上下摆尾拨开海水前进，所以尾巴进化成了尾鳍。

猎豹的前腿骨　　　　海豚的胸鳍骨

海豚的胸鳍内残留着5根趾骨，证明了鲸的祖先在陆生时代有前腿。

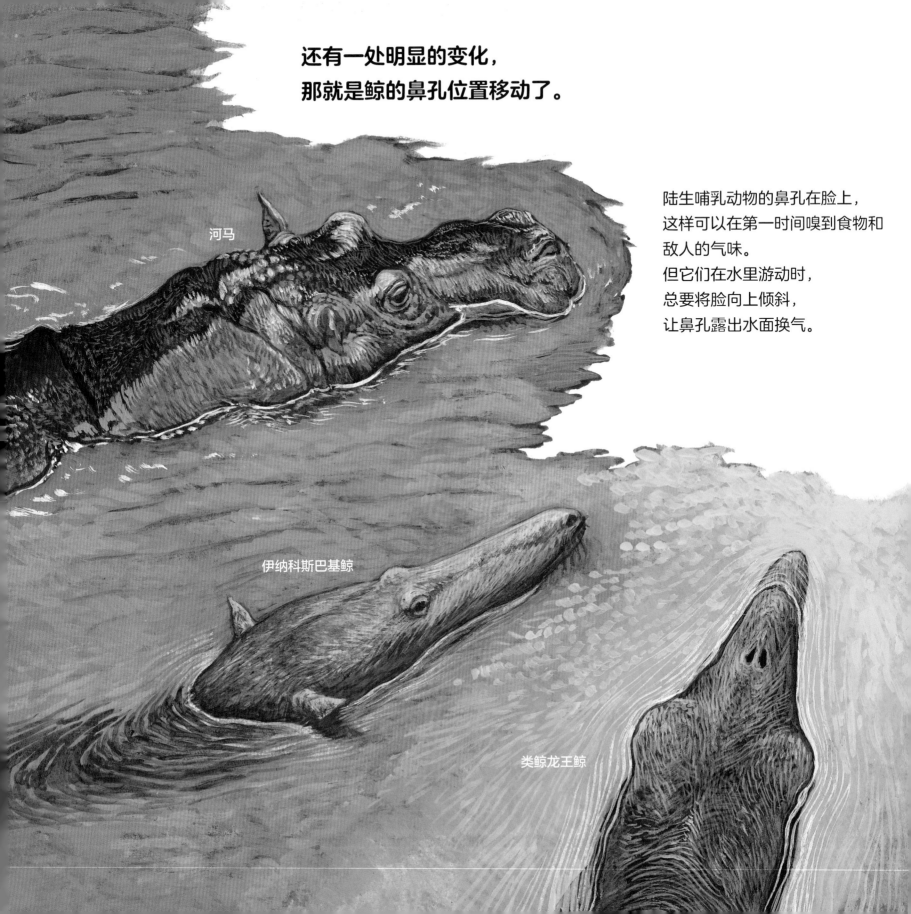

还有一处明显的变化，
那就是鲸的鼻孔位置移动了。

陆生哺乳动物的鼻孔在脸上，
这样可以在第一时间嗅到食物和
敌人的气味。
但它们在水里游动时，
总要将脸向上倾斜，
让鼻孔露出水面换气。

河马

伊纳科斯巴基鲸

类鲸龙王鲸

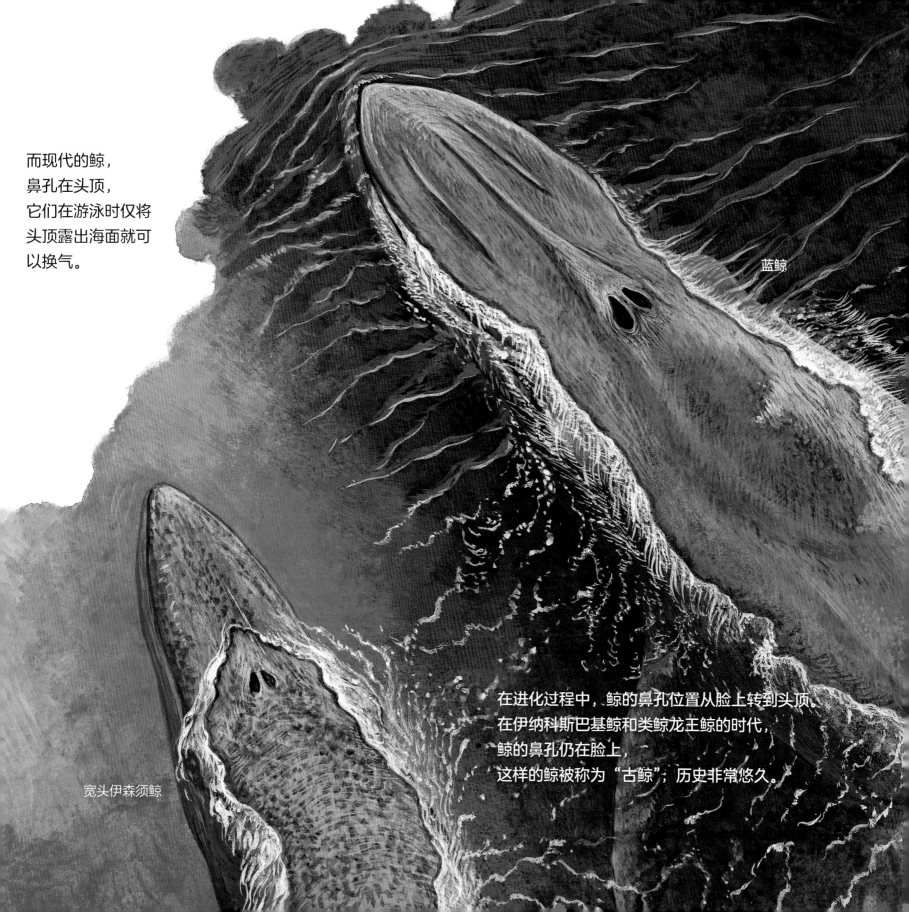

而现代的鲸，
鼻孔在头顶，
它们在游泳时仅将
头顶露出海面就可
以换气。

蓝鲸

宽头伊森须鲸

在进化过程中，鲸的鼻孔位置从脸上转到头顶。
在伊纳科斯巴基鲸和类鲸龙王鲸的时代，
鲸的鼻孔仍在脸上，
这样的鲸被称为"古鲸"，历史非常悠久。

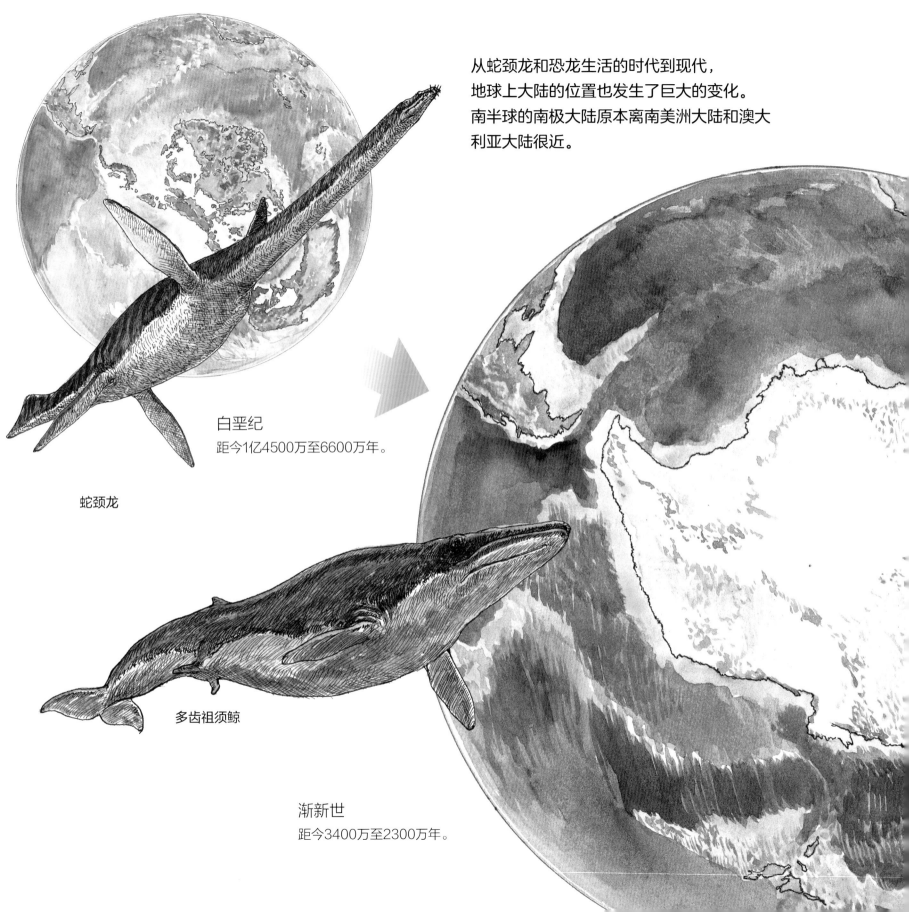

从蛇颈龙和恐龙生活的时代到现代，
地球上大陆的位置也发生了巨大的变化。
南半球的南极大陆原本离南美洲大陆和澳大
利亚大陆很近。

白垩纪
距今1亿4500万至6600万年。

蛇颈龙

多齿祖须鲸

渐新世
距今3400万至2300万年。

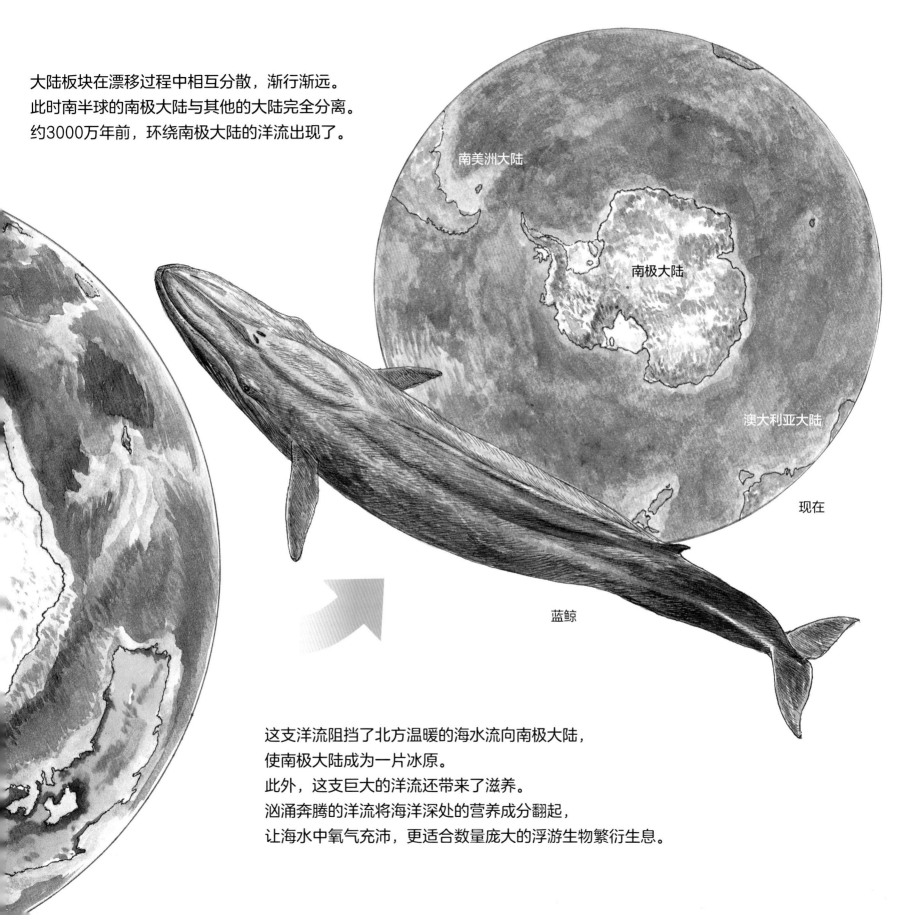

大陆板块在漂移过程中相互分散，渐行渐远。
此时南半球的南极大陆与其他的大陆完全分离。
约3000万年前，环绕南极大陆的洋流出现了。

南美洲大陆

南极大陆

澳大利亚大陆

现在

蓝鲸

这支洋流阻挡了北方温暖的海水流向南极大陆，
使南极大陆成为一片冰原。
此外，这支巨大的洋流还带来了滋养。
汹涌奔腾的洋流将海洋深处的营养成分翻起，
让海水中氧气充沛，更适合数量庞大的浮游生物繁衍生息。

这里是距今约2500万年的海洋。

多齿祖须鲸

水中聚集着无数浮游生物，
以它们为食的小鱼也在成群结队地活动。
突然，鱼群乱了，
一头体长约4米的动物正在吞食四下逃窜的小鱼。
它再次张开嘴，露出排列在嘴里的许多细小的牙齿。
它就是多齿祖须鲸。

随着地球海洋环境的变化，
许多小型生物的种群出现了。
对海洋生物而言，它们是无比诱人的食物。
除了多齿祖须鲸，
其他以小型生物与小鱼群为食的
鲸类家族成员也出现了。

像多齿祖须鲸这样的鲸开始以聚集在海里的小型生物为食，
逐渐进化出便于进食的器官。
这种器官叫作"鲸须"，呈梳齿状排列。

鲸须从鲸的上颚处悬垂至口腔，
成分与人类的指甲相似。
鲸在将一群小型生物连同海水吞入口腔后，会用鲸须将海水从缝隙处挤出，
这样便能高效进食。

宽头伊森须鲸

早期长出鲸须的鲸虽然还有牙齿，
但已逐渐退化。

**在古鲸之后诞生的有鲸须的鲸被统称为"须鲸"，
它们在全世界的海域广泛活动。**

早期的须鲸中是否包含既有鲸须又有牙齿
的成员呢？学术界至今仍持不同观点。

这里是距今约1500万年的海洋。

水中不断传来"咔吱咔吱"的声音。

发出声音的是体长约3米的卡里韦尔鲨齿鲸。
卡里韦尔鲨齿鲸进化出了一种能力——朝前方发出声音，
依靠回声来探查物体的位置、大小和形状。
这种能力被称为"回声定位"。

两头卡里韦尔鲨齿鲸和它们面前的乌贼一样，
节奏感十足地上下摇摆水平尾鳍，
围绕着鱼群游动。
接着，它们出其不意地扰乱鱼群和乌贼群，
将掉队的乌贼衔住，一口吞食。

卡里韦尔鲨齿鲸

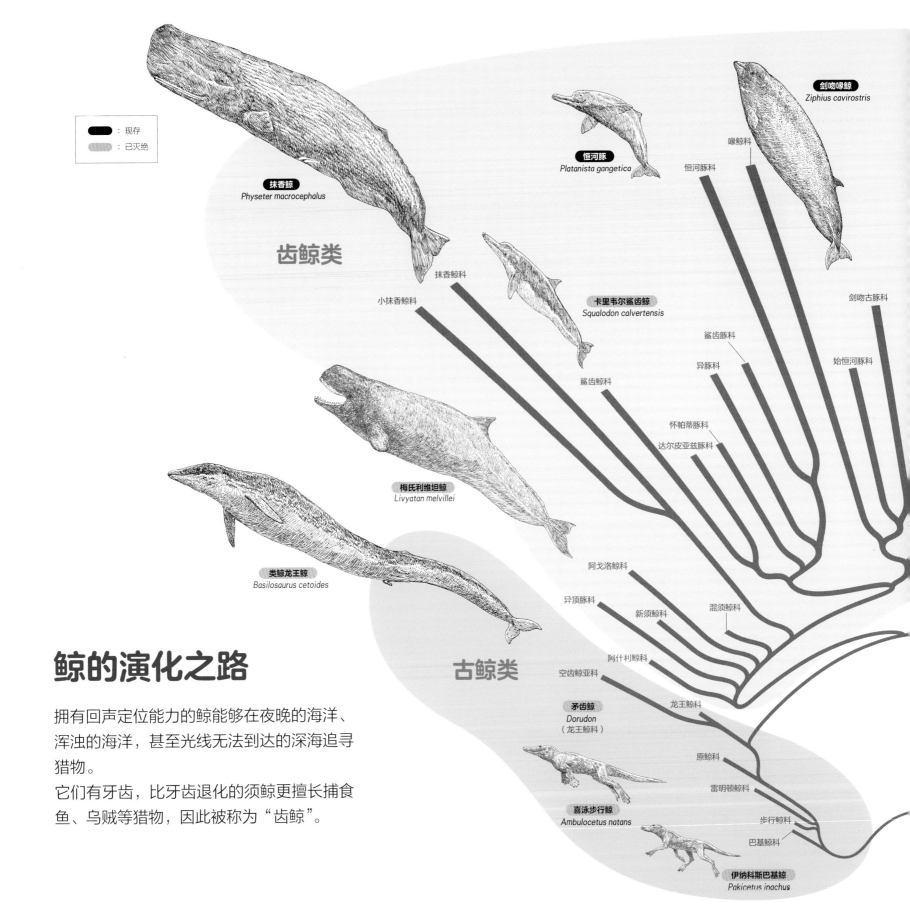

鲸的演化之路

拥有回声定位能力的鲸能够在夜晚的海洋、浑浊的海洋，甚至光线无法到达的深海追寻猎物。

它们有牙齿，比牙齿退化的须鲸更擅长捕食鱼、乌贼等猎物，因此被称为"齿鲸"。

：现存

：已灭绝

齿鲸类

古鲸类

抹香鲸
Physeter macrocephalus

恒河豚
Platanista gangetica

剑吻喙鲸
Ziphius cavirostris

卡里韦尔鲨齿鲸
Squalodon calvertensis

梅氏利维坦鲸
Livyatan melvillei

类鲸龙王鲸
Basilosaurus cetoides

矛齿鲸
Dorudon
（龙王鲸科）

喜泳步行鲸
Ambulocetus natans

伊纳科斯巴基鲸
Pakicetus inachus

小抹香鲸科
抹香鲸科
鲨齿鲸科
恒河豚科
喙鲸科
鲨齿豚科
异豚科
怀帕蒂豚科
达尔皮亚兹豚科
剑吻古豚科
始恒河豚科
阿戈洛鲸科
异顶豚科
新须鲸科
混须鲸科
阿什利鲸科
空齿鲸亚科
龙王鲸科
原鲸科
雷明顿鲸科
步行鲸科
巴基鲸科

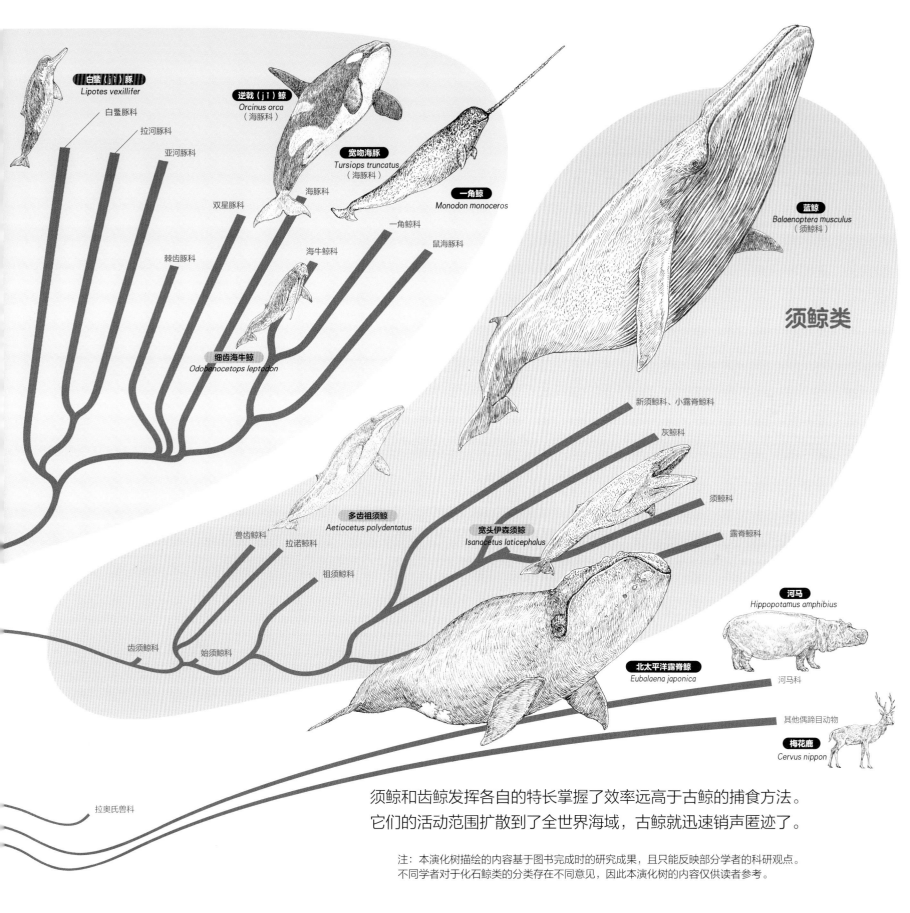

白鱀(jì)豚
Lipotes vexillifer

白鱀豚科

拉河豚科

亚河豚科

逆戟(jǐ)鲸
Orcinus orca
（海豚科）

宽吻海豚
Tursiops truncatus
（海豚科）

一角鲸
Monodon monoceros

海豚科

双星豚科

一角鲸科

棘齿豚科

海牛鲸科

鼠海豚科

蓝鲸
Balaenoptera musculus
（须鲸科）

须鲸类

细齿海牛鲸
Odobenocetops leptodon

新须鲸科、小露脊鲸科

灰鲸科

须鲸科

露脊鲸科

多齿祖须鲸
Aetiocetus polydentatus

宽头伊森须鲸
Isanacetus laticephalus

兽齿鲸科

拉诺鲸科

祖须鲸科

河马
Hippopotamus amphibius

齿须鲸科

始须鲸科

北太平洋露脊鲸
Eubalaena japonica

河马科

其他偶蹄目动物

梅花鹿
Cervus nippon

拉奥氏兽科

须鲸和齿鲸发挥各自的特长掌握了效率远高于古鲸的捕食方法。
它们的活动范围扩散到了全世界海域，古鲸就迅速销声匿迹了。

注：本演化树描绘的内容基于图书完成时的研究成果，且只能反映部分学者的科研观点。
不同学者对于化石鲸类的分类存在不同意见，因此本演化树的内容仅供读者参考。

这里是距今1000万至900万年的海洋。

巨齿鲨
庞大的巨齿鲨可能袭击过梅氏利维坦鲸。

一道黑影从浑浊的海域出现，
黑影越来越大，逐渐靠近。
从侧面看，它的身躯如小山一般，体长甚至可达15米。
它张开大口，露出两排牙齿，每一颗都有30多厘米长。
它是梅氏利维坦鲸，齿鲸中牙齿最大的鲸。

梅氏利维坦鲸

这片海域还生活着体长超过10米的巨大鲨鱼——巨齿鲨。
梅氏利维坦鲸和巨齿鲨势均力敌，
都是当时海洋里的顶级掠食者，
它们说不定还袭击、猎杀过其他鲸。

这里是现在的海洋。

抹香鲸

从水下约1000米、深邃又晦暗的海中，
传来"咔吱咔吱、咔吱咔吱"不间断的声音。
在声音覆盖的范围内，
体长5~6米的大王乌贼优哉游哉地游着。

声音突然变大，
抹香鲸从幽暗中现身，猛地衔住大王乌贼。
齿鲸中的抹香鲸体形是大王乌贼的好几倍，
那"咔吱咔吱"的声音是它为了在光线无法
触达的深海捕猎而发出的。

抹香鲸也是现存体形最大的齿鲸。

大王乌贼

大海里，
长得像红色小虾的生物
密密麻麻地汇聚在一起。

它们是南极磷虾，生活在南极大陆周围海域，
在海水中聚集时就像云层般巨大。

一头蓝鲸大张着嘴冲入"云"中，
把南极磷虾群同海水一道吸入嘴里，
它的喉咙胀得鼓鼓囊囊。

南极磷虾
体长约6厘米的甲壳动物，是80多种
磷虾中体形最大的。它们规模庞大，
在环南极大陆的海域中繁衍生息，群
体重量可达4~5亿吨。

蓝鲸

蓝鲸的下颚至喉咙处长着几十条褶沟。
褶沟可以像手风琴的风箱一样舒展，
增大口腔容量来吸入大量的海水和磷虾群。
蓝鲸合上嘴后，整个喉咙看上去就像一个大气球。

接下来，蓝鲸会将海水从狭窄的嘴缝中挤出，
并把南极磷虾群挡在口腔里排列得紧密有序的鲸须内，
然后把它们送至喉咙深处。
通过这种方式，蓝鲸每天可摄入重达数吨的南极磷虾。

包含蓝鲸在内的须鲸成员均以同样的方式进食。
须鲸的身上有几十条褶沟，
褶沟从下颚一直延伸到喉咙处（肚脐附近），
所以它们能一口吞食大量的磷虾和小鱼。

蓝鲸

座头鲸

蓝鲸体长约30米，体重达160吨，
而它们赖以生存的主食，
居然是体长仅几厘米的磷虾。

这种生活习性只有在蓝鲸能高效吞食大量磷虾
之后才能形成。

无法复制
这是名为"生物进化"的奇迹

生物的进化并不是沿着某种既定规律进行的。

如果生物的形态或生活方式在偶然间发生了无数轻微的变化（突变），只要这些变化能为生存或繁衍后代带来一点点益处，就会更容易被保留下来。反之，如果这些变化对生存或繁衍后代有任何不利的影响，则迟早会消失。就这样，被保留的微小变化在生物的群体内逐渐积累并增大，最终让生物的形态或生活方式产生质变。

现存生物呈现在人类眼前的姿态和习性是经过了数亿年漫长的时间才形成的。它们是一个个微小变化堆叠而成的结果，这些变化是由无数次的偶然导致的。假设地球上原有的生物灭亡了，新的生命体重新进化，又或者是在一颗与地球环境相同的行星上重新进化，也绝不会出现一条重复的进化之路。这就好比当我们掷1亿次、1万亿次骰子时，同样的点数绝不会重复出现1亿次、1万亿次。

如果能用"奇迹"来形容这种由无数次偶然堆叠而成的结果，那么我们的样子、鲸的样子，以及这地球上所有生物的样子，都可称为奇迹。而经过了长达40亿年的进化历程后，我们人类能和地球上体积最大的动物——蓝鲸生活在同一片蓝天下，这便是奇迹中的奇迹吧。

　　生活在地球上的每个生灵，我们见证过的每个生命的瞬间，都是不可替代的。因为，这些都是独一无二、无法复制的。这正是我们应该从鲸身上、从地球上的所有生物身上学习到的道理。

水口博也（摄影师，记者）

本书中出现的鲸

古鲸

伊纳科斯巴基鲸
年代◆始新世
体长◆自下颚起约1米
化石出土地◆巴基斯坦
特征◆它们有4条腿，外形与狼相似，展现了古老
鲸类的样子。

类鲸龙王鲸
年代◆始新世
体长◆17~18米
化石出土地◆美国、埃及、印度等地
特征◆它们有修长的脊椎骨，已经完全适应水中生
活，是进化程度最高的古鲸。类鲸龙王鲸在化石首
次出土时，被科学家误认为是爬行动物，给它们取
了意为"帝王蜥蜴"的名字。

喜泳步行鲸（右）
年代◆始新世
体长◆约3.5米
化石出土地◆巴基斯坦
特征◆它们的后肢有蹼，很强壮，因此有科学家认
为它们既能游泳，又能在陆地上行走。

须鲸

多齿祖须鲸
年代◆渐新世
体长◆约4米
化石出土地◆日本、美国、墨西哥等地
特征◆它们是须鲸的代表，起初被误认为是古鲸。
复原图中的多齿祖须鲸有牙齿无鲸须，但有的科学
家认为曾经存在同时长有牙齿和鲸须的须鲸。

宽头伊森须鲸
年代◆中新世
体长◆约5米
化石出土地◆日本等地
特征◆它们是长须鲸的祖先。头骨很宽，名称中包
含了这个特点。

▶座头鲸（右）
年代◆现存
体长◆约15米，出现过17米的个体
栖息地◆全球广泛分布
特征◆它们的胸鳍非常长，长度可达体长的三分之
一，是显著特征。座头鲸会进行季节性洄游，是人
类最常观察到的鲸。

现存的须鲸

　　须鲸除了包含蓝鲸和座头鲸（同为须鲸科）之外，还包含北太平洋露脊
鲸、弓头鲸（同为露脊鲸科）和灰鲸（灰鲸科）。须鲸都会利用鲸须滤食小型
海洋生物，但摄食方式有区别。

　　露脊鲸科须鲸的鲸须很长，能覆盖住整个口腔。它们会张着嘴向前游，让
海水从嘴巴正面流入，从侧面流出，海洋浮游生物则被过滤到鲸须输送至喉咙
深处。

　　灰鲸科须鲸以栖息于海底的各类生物为食。它们觅食时会侧躺在海床上，
让自己的嘴巴一侧紧贴海床，将海底生物和泥沙一口吞入，再用鲸须挤出海水
和泥沙，只留下食物。

▶蓝鲸
年代◆现存
体长◆约30米
栖息地◆全球广泛分布
特征◆它们是目前已知的动物中体形最
大的，每头约重160吨。生活在南半球的
蓝鲸比生活在北半球的蓝鲸体形稍大，
它们的寿命可达80~90岁。

齿鲸

卡里韦尔鲨齿鲸
年代◆渐新世~中新世
体长◆约3米
化石出土地◆美洲、欧洲等地
特征◆恒河豚的原始形态之一，是原始齿鲸的典型代表，因长着和鲨鱼相似的牙齿而得名。

▶抹香鲸
年代◆现存
体长◆雌性约11米，雄性约16米
栖息地◆全球广泛分布
特征◆它们是现存体形最大的齿鲸，巨大的头部特征鲜明，从侧面看近似方形。它们可以长时间在深海潜水、捕食。

梅氏利维坦鲸（上）
年代◆中新世
体长◆约15米
化石出土地◆南美洲
特征◆抹香鲸的原始形态之一，长着30多厘米长的大牙齿，与现代抹香鲸完全不同。有科学家认为它们会吃其他的鲸。

现存的齿鲸

现存的鲸有80多种，其中将近70种都是齿鲸（其余为须鲸），海豚也属于齿鲸。齿鲸中有的广泛活动在全球各海域，如印太江豚、加湾鼠海豚、逆戟鲸和抹香鲸，体长从约1.5米到约16米不等，也有的生活在河川中，如亚河豚、恒河豚等。

齿鲸都有回声定位的能力，有的齿鲸（如抹香鲸和柯氏喙鲸）利用其强大的回声定位能力及出色的潜水能力，将深海开拓为自己的猎场。还有的齿鲸（如逆戟鲸）极富社会性，通过同伴间的互相配合来袭击比自己体形大的鲸。

封面图中出现了哪些鲸？请按照序号寻找答案：

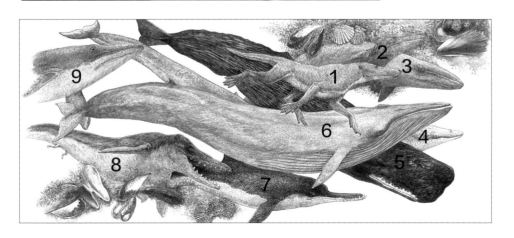

1- 伊纳科斯巴基鲸　　　6- 蓝鲸

2- 喜泳步行鲸　　　　　7- 卡里韦尔鲨齿鲸

3- 宽头伊森须鲸　　　　8- 矛齿鲸

4- 类鲸龙王鲸　　　　　9- 多齿祖须鲸

5- 抹香鲸

图书在版编目（CIP）数据

鲸的五千万年 /（日）水口博也著；（日）小田隆绘；（日）木村敏之编；李夏天译 . —— 长沙：湖南美术出版社，2024.6

ISBN 978-7-5746-0425-4

Ⅰ. ①鲸… Ⅱ. ①水… ②小… ③木… ④李… Ⅲ. ①鲸 – 儿童读物 Ⅳ. ① Q959.841-49

中国国家版本馆 CIP 数据核字（2024）第 087748 号

鲸的五千万年

JING DE WUQIANWAN NIAN

广州天闻角川动漫有限公司 出品
Guangzhou Tianwen Kadokawa Animation & Comics Co.,Ltd.

出 版 人	黄 啸		责任编辑	范 琳 易 莎
出 品 人	刘烜伟		文字编辑	向沅沅
著　　者	[日]水口博也		装帧设计	陈锦娴
绘　　者	[日]小田隆		责任校对	林丹华
编　　者	[日]木村敏之		特邀审稿	陈 瑜
译　　者	李夏天			

出版发行　　湖南美术出版社（长沙市东二环一段 622 号）

　　　　　　网址：www.arts-press.com 邮编：410016

印　　刷　　湖南天闻新华印务有限公司

开　　本　　787mm×1092mm 1/12

印　　张　　4

版　　次　　2024 年 6 月第 1 版

印　　次　　2024 年 6 月第 1 次印刷

定　　价　　49.00 元

本书如有印装质量问题，请与广州天闻角川动漫有限公司联系调换。

联系地址：中国广东省广州市黄埔大道中 309 号 羊城创意产业园 3-07C

电话：(020) 38031253　传真：(020) 38031252　官方网站：http://www.gztwkadokawa.com/

广州天闻角川动漫有限公司常年法律顾问：北京市盈科（广州）律师事务所